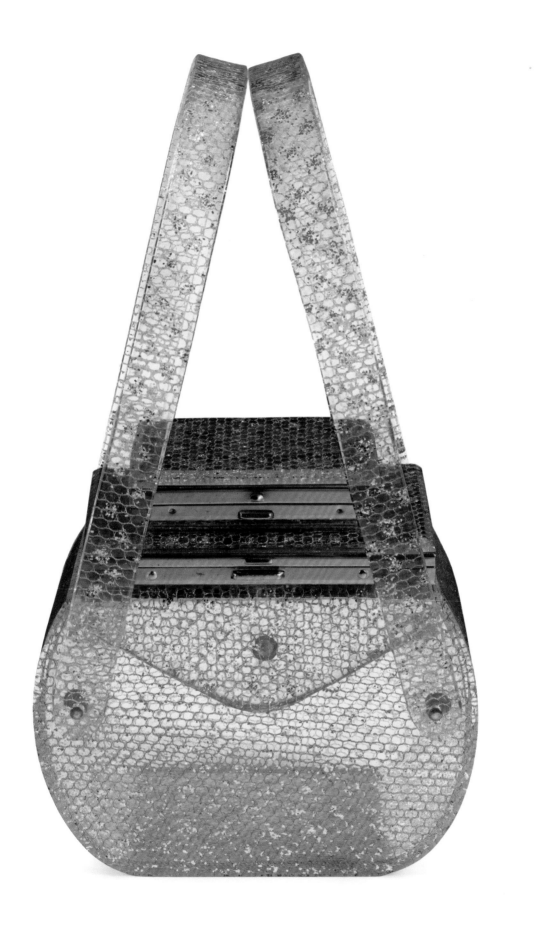

"设计学"译丛 ｜ 乔洪 / 主编

包里包外

BAGS

INSIDE OUT

[英] 露西娅·萨维 / 著

高昌苗 / 译

中国纺织出版社有限公司

国家一级出版社
全国百佳图书出版单位

明星效应
EBRITY ENDORSEMENT

等公开场合置高时，能让数以百万的观公认其展览
性纪50及60年代，摩纳哥王妃格蕾丝·凯利及其最爱
娜·肯尼迪等时尚名人的名字，被冠来重款命名热门
云款式。Hermès的"Kelly"和Gucci的"Jackie"自此成
魅力历久弥新。

代末及21世纪初，明星加持等热了一众包故，也奢耻
潮，即必不可少的手袋。某些手提包更包成为社交媒
版标志。

新一代年轻人宣告包袋魔力的任务，剩变为由社交媒
顶。

g a bag on the red carpet and during public.
s introduces it to an audience of millions. In
nd '60s, style icons such as Grace Kelly and
Kennedy Onassis saw their favourite handbags
their honour. The Hermès 'Kelly' and Gucci
since become design classics, retaining their
esirability ever since.

f celebrity endorsement exploded with the
nomenon of the late 1990s and early 2000s,
n handbags became the ultimate symbols of
s consumption.

ly, social media and influencers have taken
romoting bags and their cachet to a younger

联合主办方序言

　　太古地产相信，艺术与文化能丰富生活，为空间增添活力。我们十分高兴与英国国立维多利亚与艾尔伯特博物馆再度携手，将广受好评的"包里包外"展览带到中国内地及香港的商场作巡回展出，实践对社区营造的承诺。我们希望藉着举办世界级盛事，让当地社区及访客能与艺术互动，尽享艺术、设计及时尚之美。

　　展览中的每一款包包都有属于自己的故事：从设计、制作、功能，到与拥有者之间的关系，皆如一趟耐人寻味、突破想象的旅程。我们期待探索路途上的每一位都能从中收获灵感，重拾自己的独特回忆。

彭国邦
太古地产行政总裁

太古地产
SWIRE PROPERTIES

对页
"包里包外"展览"地位与身份"展区
北京三里屯太古里红馆，2022年
图片由文明雅卓设计（深圳）有限公司提供

前页
玛丽皇后号游轮的乘客
1939年，他们抵达纽约，正等待过海关。

L'Envie.

馆长序言

英国国立维多利亚与艾尔伯特博物馆（V&A博物馆）藏品中有大约2000个不同类型的包袋：手袋、手提箱、背包、马鞍包、休闲包和化妆箱等。博物馆的所有展厅，从时装到金属制品，从亚洲专区到童年博物馆，都有着包袋的身影，有些是实物本身，有些被描绘在雕塑、彩色玻璃、彩绘、素描或照片之中。博物馆每天也有包袋进进出出：每个月，来自世界各地的游客都会在南肯辛顿的V&A博物馆衣帽间里寄存下大约10000个手袋和手提箱。

因此，也许令人惊讶的是，V&A博物馆首次为这个无处不在且广受欢迎的配饰专门举行大型展览。V&A博物馆在过去针对时尚配饰开办过的特展，包括"鞋履：乐与苦"（Shoes: Pleasure and Pain, 2016年）和"帽子：斯黛芬·琼斯作品集锦"（Hats: An Anthology by Stephen Jones，2009年）。在此基础上，展览"包里包外"（Bags: Inside Out）进一步展现了V&A藏品的丰富。在展览和本书中展示的许多物品都是第一次展出和拍摄。本次

展览也为V&A博物馆提供了一个机会，以获得许多具有历史意义和当代性的包袋设计的精彩示例。

展览"包里包外"涵盖250多件展品，跨越了将近500年的历史。在展览上，你可以通过这些人们随身携带的包袋来洞悉他们的生活，无论这些包是用于日常生活还是个人和职业生涯的重要时刻。包袋可以是非常私人的物品，但与此同时，它们也经常出现在公众场合，用以突出我们是谁，我们渴望成为谁。这次展览汇集了来自不同时代、不同大洲的包袋，展示了我们如何使用、为什么使用以及在什么场合使用这些箱包来携带最私人的物品，同时也提醒我们，包袋一直是我们身份的重要象征。

本次"包里包外"展览的顺利开展得益于一些政府和私人捐助者的慷慨资助。同时，我要感谢我们的展览赞助商给予我们的宝贵支持。

杭立川
V&A博物馆馆长

乔治·巴比尔（George Barbier，1882~1933年）

次页
玛琳·黛德丽（Marlene Dietrich，1901~1992年）
从德国乘船返回纽约
不莱梅号，1931年

前言

如果没有各式各样的手袋、背包和托特包挂在行人的手臂和肩膀上，世界上任何地方的早高峰时间都将是不完整的。包里装有各类个人物品和工作物品。有时，有些包的形状、大小和材质可以为我们提供一些有关里面所装物品的线索。然而，有些包却什么也不肯透露，小心翼翼地遮挡保护着里面的物品，但是依然会暴露出包的主人的一些特征。包袋既是一种私人物品，又是一种对外界的高调宣言：纵观历史，跨越文化，它们都占据了一个非常特殊的空间，既可以集中展出，又非常分散。❶它们的吸引力是多层次的：它们将许多不同的物品从一个地方带到另一个地方，同时携带的还有许多不同的意义。

本书从V&A藏品里选取了40个包袋，讲述了一个关于包袋的简短历史。本书借助这些包袋探讨了从伊丽莎白女王时代到当代中国的男女包袋的设计、构造和功能的不同方面。第一部分："设计与制作"，该部分主要关注制作这些配饰所用的材料和工艺；第二部分："功能与实用"，该部分对包袋进行了深入研究，分析它们的功能如何影响它们的形式；第三部分："地位与身份"，该部分主要关注包袋的外观和装饰、包袋所承载的信息，以及它们所扮演的强大的象征性角色。

当我们外出工作和休闲时，包袋让我们能够随身携带物品。包袋与旅行密切相关。的确，纵观历史，旅行的原因以及乘坐的交通工具方式决定了包袋的形式。❷在中世纪的欧洲，贵族旅行时会带着几只大箱子，箱子非常大，大到当他们到达目的地时就可以用作家具。19世纪初蒸汽火车的发明使旅行变得更为容易：尽管旅行者仍然使用行李箱来携带他们的行李，但更轻便的包袋（如毛毡旅行袋和旅行皮箱）变得更加普遍。到了19世纪，蒸汽动力远洋客轮只需12天就可以横渡大西洋，头等舱乘客最多可以将20个行李箱带上船，以携带和保护航程中以及到达目的地时所需的许多服装、配饰和珠宝。❸从20世纪30年代开始的航空旅行对行李箱的空间和重量提出了新要求：飞行所携带的行李必须更轻、更紧凑。❹

上下班或上下学的通勤也对我们所携带的包袋类型产生了影响：公文包、书包和背包只是世界各地的上班族和学生使用的专项包的几个例子。手袋也许是当今所有包袋中最昂贵、最受欢迎和最令人垂涎的。如果我们不把手袋放在特定背景下并审视更广泛的个人行李历史，便无法了解其历史和起源。

---

❶ 威尔科克斯（Wilcox）2012，p.13。
❷ 哈兰（Harlan）2018，p.8。
❸ 同上，p.15。
❹ 同上，p.19。

引言

手袋的前身是小吊袋、束带型包袋和腰链包，这些包袋弥补了女士服装中没有口袋的缺陷。❶除了束带型包袋，其余包袋都使用腰链系挂在腰间。这种腰链本身就具有足够的装饰性，可作为服装的饰物，大多数为女性使用，有时候男性也在使用。腰链和系在链条上的钱袋在公共场合展示给众人，是佩戴者地位的象征。在腰间系挂这种包袋的做法可以追溯到欧洲的青铜时代（公元前3200~公元前600年）和中国的商朝，当时男性们把腰间佩戴钱包作为社会地位的标志。❷在日本，小荷包和小吊袋（统称为sagemono，提物）挂在宽腰带（obi，日本女性和服

上装饰用的宽腰带）上。这些腰带也可以用来缚紧放在里面的物件，正如江户时代（1615~1868年）的男性所穿的那样。在欧洲近代早期，男女性均会穿着束腰带，也可以用来悬挂配饰（例如，小钱包、香袋、念珠、折扇，甚至是手表）。文艺复兴时期的意大利画家、雕刻家和出版商切萨雷·韦切利奥（Cesare Vecellio，1530~1601年）在他的《古代与现代服饰》（*De Habiti Antichi et Modemi*，威尼斯，1598年）中用图展示了这种悬挂的钱袋。同样，英国17世纪制造的刺绣钱包、针线包和刀套均被设计成悬挂在腰间的款式。❸

《热那亚的平民女性》
切萨雷·韦切利奥
《古代与现代服装》，威尼斯，1598年

Plebea Genouese.

　　到了18世纪，腰挂式配饰变得更加精致。而在19世纪初期，"chatelaine"一词被用来描述一种腰挂式配饰，其特征是多种物件悬挂在钩或胸针上。这个词源自法语，用来描述家庭主妇，因此该词与理想家庭生活紧密相关。在本书的第20页，我们可以看到19世纪钢制腰挂式配饰的杰作，其中共有13个悬挂配件，包括1把剪刀、1个钱包、1个顶针、1个微型笔记本和1个放大镜。这条腰挂式配饰应该挂在女性的腰间，兼具装饰性和实用性：方便取用工具，并将其安全地挂在身上。但它也具有高度的象征意义，显示了佩戴者在家庭中的地位。同样，当今的包袋，尤其是手袋，还包括背包，也可以象征穿戴者的追求以及社会或经济地位。

直到17世纪，欧洲男性的马裤、马甲和外套上才开始缝制有口袋，而女性的裙子相对来说则不太适合缝制口袋，她们更喜欢可拆卸的束带型包袋，可以穿戴在裙子下面。这些梨形的"包"具有今天手袋的一些功能。它们通常是家庭自制，制作时将两块布料边缘和顶部缝合在一起，前面有一个垂直的开口，可以插入物品。这类包通常挂在腰间、系在带子或缎带上，放置在裙撑和衬裙之下、内裤之上，手可通过外衣和衬裙侧面的开口伸入包中（见第18、19页）。这些早期的束带型包袋由多种材料制成，包括织棉、亚麻、丝绸、羊毛甚至皮革，可以是纯色的，可以用刺绣或绗缝装饰，也可以用印花布制成。它们使女性们能够携带隐藏在他人视线之外的小物品。这种束带型包袋显然具有情感价值，经常被作为礼物赠送给他人，因此这些包袋常常被用刺绣的方式签上名字的大写首字母和制作日期。

17世纪末到19世纪，英国各社会阶层的女性都拥有几组可拆卸的束带型包袋，尽管从18世纪末开始，这些包袋就不再适合穿在时尚修长的"高腰"长裙下面，并且越来越多地被小手提袋（reticules或者是indispensables）所取代。[4]这是一种带有把手的小吊袋，被设计成放在女性身侧携带，并且被认为是当今手袋的前身

（第34页）。[5]随着束带型包袋的消失，它们为女性提供的私人和隐蔽空间被手袋的隐蔽内部所取代。

皮革手袋在19世纪末开始流行，这种包用皮革取代了更轻的材料，从而提高了耐用性和功能性。更耐用的手袋的制造需要跳出小规模的家庭作坊，才能使它们在设计和生产上变得更加标准化。尽管如今的手袋已经具备了过去的束带型包袋和腰挂式配饰所具有的一些品质和意义，但它们现在也与其他时尚配饰并驾齐驱，在许多时装公司的业务中扮演着重要角色。

2016年，这类配饰几乎占该领域全球奢侈品市场总量的30%。[6]行业专业人士认为，即时可识别性是包袋受欢迎和获得成功背后的原因之一。它们的生产成本比服装要低，因为只需要一种规格就能适合所有人，而且由于许多消费者买不起一整套服装，所以他们可以通过购买包袋和鞋子而拥有高端品牌。

这一现象在20世纪90年代末和21世纪初达到了顶峰，当时芬迪（Fendi）、迪奥（Dior）、普拉达（Prada）、玛珀利（Mulberry）和蔻依（Chloé）等独家品牌的包袋被时尚媒体称为"爆款包"（It bag）（见第8页）。[7]尽管"爆款包"的销量（并将继续）惊人，它们高昂的价格和限量的供应确保了明显的稀缺性，这反过来又使人们更加渴望得到这些包袋。[8]许多品牌继续限量发行其包袋，并与名人进行了大量的特别合作。因此，一些包袋本身就成了投资机会，并在拍卖会上卖出高价。迄今

为止，在拍卖会上卖出的包袋最高价格为317984英镑。[9]这些奢侈品看起来常常比黄金更加保值。[10]然而，购买包袋作为投资并不是最近才有的做法：早在15世纪，购买带有银饰的珍贵丝绸小手袋可能就已经代表了一种存钱的方式。[11]

这种奢侈贵重的、令人梦寐以求的配饰的独特性不应掩盖这样一个事实，即当今使用的大多数包袋都像早期的束带型包袋一样兼具功能性和适用性。然而，纵观历史，现代手袋的前身激发了国内设计师的创造力，也促进了批量生产的进程。2020年，我们所知道的手袋已经不仅仅是传统服饰的象征或仅仅具有实用的本质，现在它已演变成全球公认的终极身份象征之一。

❶ 日本、韩国和中国的传统服装没有口袋，因此设计了手拿包和悬挂在腰带上的悬挂装置来携带个人物品和配饰。

❷ 卡明斯和汤顿（Cummins and Taunton）1994，p.19.

❸ 如，V&A: T.52 & A-1954 和 V&A:T. 55A & B-1954.

❹ 根据芭芭拉·伯尔曼（Barbara Burman）和阿丽亚娜·芬内托（Ariane Fennetaux）的说法，衣服口袋至少一直存在到19世纪末，见伯尔曼和芬内托（Burman and Fennetaux）2019, p.19.

❺ 威尔科克斯（Wilcox）2017, p.11.

❻ 劳伦·谢尔曼（Lauren Sherman），《不仅是爆款包》（Beyond the It Bag），2016年4月4日访问。

❼ 《牛津英语词典》引用了"It bag"一词的最早用法："她的一系列爆款包吸引了许多的忠实粉丝，尤其是超级名模（Her range of It Bags are attracting a loyal following, especially among supermodels）。"《星期日泰晤士报》，1997年11月2日。

❽ 1997~2007年，意大利品牌Fendi通过700多次反复售卖售出了约60万个法棍包（Baguette）。见尚塔尔·费尔南德斯（Chantal Fernandez），《为什爆款包会卷土重来》（Why It Bags Are Making a Comeback），2019年3月1日访问。

❾ 一只爱马仕铂金包（Hermès Birkin Matte Himalaya Niloticus Crocodile Birkin 35），附有18克拉白金和钻石配件，于2017年5月在香港佳士得拍卖行（Christie's）卖出。

❿ 肖恩·法雷尔（Sean Farrell），《从包里获得回报——为什么爱马仕铂金包是最好的投资》（Bagging a return-why the Hermès Birkin handbag is the best investment），2016年1月15日访问。

⓫ 威尔科克斯（Wilcox）2017, p.19。

一组束带型包袋

18世纪40年代，英国

丝绸

V&A编号：T.87A&B-1978

　　17世纪末到19世纪初，英国女性几乎都拥有几组可拆卸的束带型包袋。她们将这种包系在腰上，手可通过衬裙和外衣接缝处的开口伸入包处，通常用来携带个人物品，例如，手表、鼻烟盒、钱币、珠宝及食物。

由S.W.Fores（伦敦）出版，
归于艾萨克·克鲁伊克申克（Isaac Cruikshank）（1764~1811年），可能在乔治·穆加特罗伊德·伍德沃德（George Murgatroyd Woodward）（1765~1809年）之后
西斯蒂娜仓库（Cestina Warehouse）或贝利匹斯商店（Belly Piece Shop）
1793年4月16日，英格兰
手工着色蚀刻
大都会艺术博物馆编号：59.533.475
以利沙·惠特尔西（Elisha Whittelsey）收藏，以利沙惠特尔西基金会，1959年

腰挂式配饰

1863~1885年，可能为英国

钢制

V&A编号：M.32:1 to 14–1969

芬斯特·雷维尔（Pfungst Reavil）遗赠

  "Chatelaine"是一种腰挂式配饰，可称为腰链，其特征是多种物品悬挂在钩或胸针上。示例中的钢制腰挂式配饰的特色是带13个悬挂配件，包括剪刀、钱包、顶针、微型笔记本和放大镜。

肖像名片（carte-de-visite），描绘了一位女性戴着一条腰挂式配饰，约1870年，Elliott & Fry摄影工作室拍摄，贝克大街55号

"如果你仔细想想，你会发现一个包是有自己的生命的，我是这样认为的，且非常肯定。包就是包，不像衣服，如果没有被穿在人身上，它就什么也不是……"

汤姆·福特（TOM FORD），"手袋狂热"（HANDBAG MANIA），美国版《时尚》（US *VOGUE*），1998年2月

与其他时尚配饰不同，包袋不必用来包裹人体的某一部分。这种独立性使它们的设计具有一定的自由度和创造性。自17世纪以来，被称为"sweet-purses"的小包袋被制成各种新颖的形状，并用来携带礼物或有香味的香草，那时候制造商和设计师就已经尝试了许多独出心裁、异想天开和超现实的形式。这一传统一直延续到19世纪初，当时小提包被制成各种奇异的形状，类似于菠萝、扇贝壳和花篮。❶这些早期的例子影响了20世纪30年代在包袋设计中采用不协调物品的潮流。与超现实主义运动有关的设计师，如巴黎的安妮－玛丽（Anne-Marie），她将异想天开的造型作为其品牌的主打产品风格。20世纪80年代，匈牙利裔美国设计师朱迪思·莱伯（Judith Leiber）仍在继续采用这种设计方法。露露·吉尼斯（Lulu Guinness）、安雅·希德玛芝（Anya Hindmarch）和凯特·丝蓓（Kate Spade）等设计师延续了这一主题，以日常物品的形状制作包袋，包括商店橱窗、零食袋甚至纸杯蛋糕等。最近，一些品牌还与优秀艺术家、设计师和建筑师合作，制作限量版的包袋，这些包被认为是可穿戴的艺术。

设计
与
制作

18世纪末，小手提袋开始流行，那时的手提包主要由丝绸等精细材料（类似制造裙子的轻薄织物）制成。这些包的表面为刺绣、串珠或绘画等装饰提供了空间。许多小手提袋是由女装设计师和女装裁缝师专业制作的，但女性们也会自己制作或装饰这些包。❷到19世纪末，皮革手袋开始流行，不过那时的皮革手袋通常是在男性经营的工坊中制作的。

如今，制作一款中等大小的量产皮革手袋需要很多不同的程序。在此过程中，一些专业人士，如裁剪师、设计师和工匠等会负责具体的生产事宜。由于这些手袋是成千上万地生产，统一化和标准化对于确保最终产品的质量至关重要，但生产过程的效率和经济性也很重要。然而，相比之下，像爱马仕这样的品牌只雇佣技艺精湛的工匠，他们学习了6年以上的手艺，并且负责制作每一个手袋的所有工序，这些品牌以此为傲。❸

无论是在小型工坊里的纯手工制作，还是在欧洲或亚洲的工厂里的批量生产，手袋制造都遵循一个不变的流程。首先在纸上画出最初的想法，然后制作出一个纸样来决定需要切割出多少材料，以及如何组装这些材料。材料的选择是至关重要的，因为这将决定手袋的最终外观。

纸样制作完毕后，通常会用一种叫作"salpa"的再生皮革材料制作一个手袋雏形，以帮助进行三维实验，从而最终确定缝合方式、五金配件和细节等特征，并检查所选材料的弹性。手袋雏形通过测验后，便开始切割最终产品的材料。该切割过程可以手工完成，也可以用激光机来完成，使用激光机的优点是速度快、精度高。手袋所有部件裁剪完后，最后一步就是缝合，然后就等着放入T台模特们的手中。

❶ 如V&A：T.27-1910；T.449-1985和T.179-2019。
❷ 福斯特（Foster）1982，pp.33和pp.37。
❸《爱马仕：法国精品奢侈品的幕后》（Hermès: behind the scenes of the French luxury gem），2017年7月11日访问。

翠西·艾敏（Tracey Emin，1963年生），为珑骧设计"International Woman"手提箱，2004年，法国
V&A编号：T.30:1 - 2005

设计与制作

瓦尔德包

20世纪50年代，英国

丝绸、玻璃珠、颜料、金属

V&A编号：T.536 – 1996

黛博拉·瓦尔德（Deborah Wald）提供

    20世纪40~50年代，瓦尔德包（Waldybag）在英国十分流行，也受到英国王室的青睐。这个手袋的装饰是由在瓦尔德公司（H. Wald & Co.）工作的弗洛伦斯·坎贝尔（Florence Campbell，1883~1972年）手绘而成。她采用了德国的绘画工艺，并根据客户的要求采用珠子和颜料来进行混合装饰。

弗洛伦斯·坎贝尔
（Florence Campbell）
（1883~1972年）
碎花瓦尔德包设计，
1940~1955年
塑料、颜料、珠子
V&A编号：E.16 – 2014
由M.E.Wood夫人提供

心形小手袋

1660~1699年，可能为德国，纽伦堡

银、丝绸

V&A编号：758C-1891

　　在17世纪，金银花丝被视为一种时髦的新技术，经常用于制作
贵族之间交换的礼物。这个心形小手袋的两侧是由扁平的银丝制成，
这些银丝经过卷曲、扭转和焊接，形成了精致的装饰图案。

书信盒

约1810年，可能为英国

丝绸、稻草

V&A编号：T.18-2013

由卡洛·玛丽亚·苏里亚诺（Carlo Maria Suriano）提供

　　装饰性稻草制作工艺可以追溯到几百年前。这项工艺是利用与传统针线工艺相似的技术，将稻草进行编、织、铺、绣，为平面织物和立体物品（如这个书信盒）提供装饰性的趣味（杰西卡·哈普利，Jessica Harpley，以下简称JH）。

帕高·拉巴纳（Paco Rabanne）
腰包

约1969年，巴黎

钢

V&A编号：T.19–2019

　　创新型设计师帕高·拉巴纳（Paco Rabanne，1934年生）以其对材料的实验而闻名。受其珠宝设计背景的启发，在20世纪60年代，他因制造链甲礼服和配饰而闻名，这些礼服和配饰通过将金属圆片连接在一起而制成。这个腰包是他熟练运用钳子塑造金属的最好的例子。（乔治亚·马尔瓦尼–汤姆森，Gebrgia Mulvaney–Thomerson，以下简称GMT）

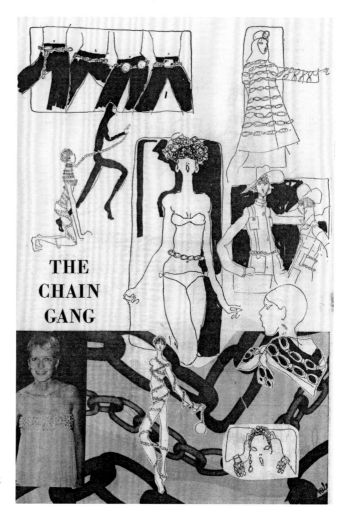

"链条帮"，《女装日报》，1967年4月7日，第7页

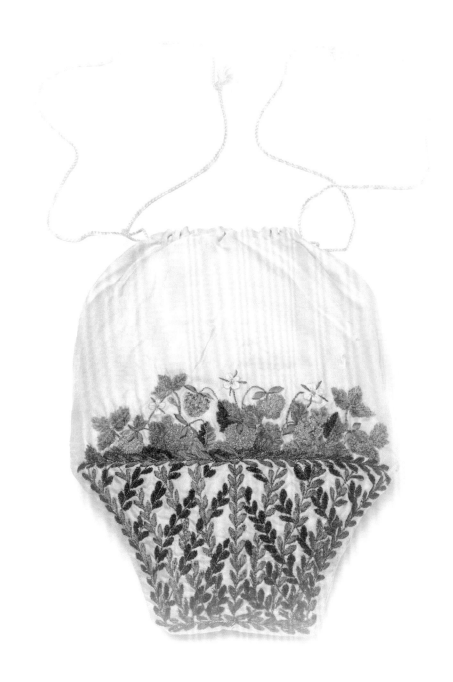

小手提袋

约 1815 年，可能为英国
丝绸、镀银丝线
V&A 编号：T.179-2019

术语"Reticule""Ridicules"或者
"Indispensables"都是指早期类型的手
袋，主要由丝绸等轻薄面料制成，并用
绳索收拢而成。这些手提袋的平整表面
可用于装饰。许多这样的小手提袋被制
作成日常用品的样子，比如这个小手提
袋，一面是花篮，另一面是果篮。

时装图样，R.阿克曼（R. Ackermann）出版的
时尚杂志《艺术宝库》（Repository of Arts）展
示的女士外出服和小手提袋，1815 年 3 月 1 日，
英国
V&A 编号：E.2171-1888

卡尔·拉格斐（Karl Lagerfeld），为香奈儿（Chanel）设计

"Lait de Coco"牛奶盒晚装包

2014秋冬成衣、巴黎

小羊皮、金属

V&A编号：T.166－2019

由V&A美国之友董事会资助，为纪念戴安娜·奎莎（Diana Quasha）而购买。

这款牛奶盒形状的晚装包由卡尔·拉格斐（Karl Lagerfeld，1933~2019年）设计，属于香奈儿以超市为灵感的2014秋冬成衣系列。这款包采用了许多香奈儿品牌经典符号，如绗缝工艺、双C图案的金属扣和珍珠装饰。包的正面上写着"lait de coco"（coconut milk，椰子牛奶），"coco"象征着品牌创始人嘉柏丽尔·香奈儿（Gabrielle Chanel）的别名Coco Chanel，而"milk"则是象征着这个包的形状——牛奶盒。

奥拉·鲁德尼卡（Ola Rudnicka）在香奈儿2014秋冬成衣秀后的后台留影

翠西·艾敏（Tracey Emin），为珑骧（Longchamp）设计
"国际女人（International Woman）"手提箱

2004年，法国

羊毛、棉、皮革

V&A编号：T.30:1–2005

由珑骧提供，V&A之友资助

　　珑骧于1994年推出了可折叠的"Le Plige"手袋。为了庆祝该系列诞生10周年，该品牌与英国艺术家翠西·艾敏（1963年生）进行合作。艾敏为这个重要的时刻设计了200个手提箱，灵感来自一个叫做"国际女人"的故事，故事的女主角从一个城市到另一个城市，寻找"与国际男人的国际爱情"。每个手提箱都有一个独特的玫瑰花环，上面有艾敏的签名，并写有不同的地名，每个地名都代表着一个可以让她想起爱的时刻或地方。

对页

玛丽·麦卡特尼（Mary McCartney，
1969年生）拍摄

翠西·艾敏

2004年，伦敦

希尔德·瓦格纳-阿斯彻（Hilde Wagner-Ascher）
技术制图
约1925年，维也纳
纸质
V&A编号：T.287A – 1987

希尔德·瓦格纳-阿斯彻（Hilde Wagner-Ascher）
手拿包

约1925年，维也纳

棉、金属

V&A编号：T.287-1987

　　希尔德·瓦格纳-阿斯彻（Hilde Wagner-Ascher，1901~1999年）是一位女性艺术家和设计师，曾与约瑟夫·霍夫曼（Josef Hoffman，1870~1956年）等著名人物一起学习，并在维纳·沃克斯特（Wiener Werkstätte）工作过，沃克斯特是1903~1932年期间一家总部在维也纳的致力于高品质设计和工艺的集体企业。这款手拿包小巧轻便，瓦格纳-阿斯彻将其平整的表面当作画布进行几何设计，将一件日常用品提升为一件艺术品（GMT）。

珠饰小手袋
18世纪中后期，可能为巴黎
丝绸、玻璃珠、镀银丝线
V&A编号：T.178–2019

　　这个丝绸小手袋是用数千个微小的彩色玻璃珠覆盖而成，这种
技术被称为"sablé"（意思是用沙子覆盖）。人们认为，只有一两个
巴黎的工坊掌握如此细致而困难的技术，因此，这些物品十分昂贵，
只有富有的阶层才能拥有。

手袋

约1925年，英国或法国

皮革、金属

V&A编号：T.241–1972

由梅杰和布劳顿夫人（Major and Mrs Broughton）提供

这款优雅的晚装手袋采用巧妙的铰接框架设计。这种设计可以让包袋迅速呈正方形打开，方便物品放入。

ÉCLIPSE. —
Crêpe Georgette.
Jean Patou.

SIMPLICITÉ. —
Crêpe satin.
Worth.

MODÈLE 55 B —
Crêpe Georgette.
Molyneux.

穿着晚礼服带着配饰的女人
《艺术、风尚、美》（*Art, Grout, Beaute*）中由 J. 多
利（J. Dory）创作的插画，巴黎，1928 年

克里斯汀·迪奥（Christian Dior）
与马克·奎恩（Marc Quinn）合作推出
"化石记录（Fossil Record）" Lady Dior 手袋
2016年，巴黎
小羊皮、金属
V&A编号：T.173:1–2019

　　这款手袋是为庆祝2016年迪奥新邦德街店开业而设计的，由金属化小羊皮制成，以马克·奎恩（1964年生）的"化石记录——铝的时代"为灵感，以浮雕兰花图案为特色，使兰花在不同的盛放状态下定格永恒。

对页
马克·奎恩与迪奥的皮具总监莱昂纳多·普奇
（Leonardo Pucci）、亚历山大·博克尔（Alexandre Boquel）正在一起进行Lady Dior配饰设计

设计与制作

47

小手袋

约1862年，印度瓦拉纳西

丝绸、镀银丝线、银色亮片

V&A编号：0394（IS）

　　这款小手袋使用珍贵的材料在复杂的技术下制成，其中一些材料如下所示。这表明它可能是在法庭上使用的。

左下：用于制造镀银丝线的材料，约1851年，印度马尔瓦

V&A编号：6308-10(IS), 6321(IS), 6350(IS)

右下：一小盒倒置银色圆亮片，约1867年，印度比哈尔邦巴特纳

V&A编号：6338(IS)

乔纳森·安德森（Jonathan Anderson），
为罗意威（Loewe）设计的
草莓几何包
2017年，马德里
鹿皮、小牛皮
V&A编号：T.3–2019
罗意威（Loewe）提供

1883年，威廉·莫里斯（William Morris）设计了"草莓小偷"（Strawberry Thief）印花图案。2017年11月，罗意威发布了乔纳森·安德森（1984年生）设计的胶囊系列（capsule collection），灵感来源于莫里斯的4个印花设计：草莓小偷（Strawberry Thief）、森林（Forest）、莨苕（Acanthus）和忍冬花（Honeysuckle），该胶囊系列中包括一个皮革上印有"草莓小偷"图案的几何包。

威廉·莫里斯，为Morris & Co.设计
"草莓小偷"印花面料
1883年，英国
靛蓝印花棉
V&A编号：T.586 – 1919
由Morris & Co.提供

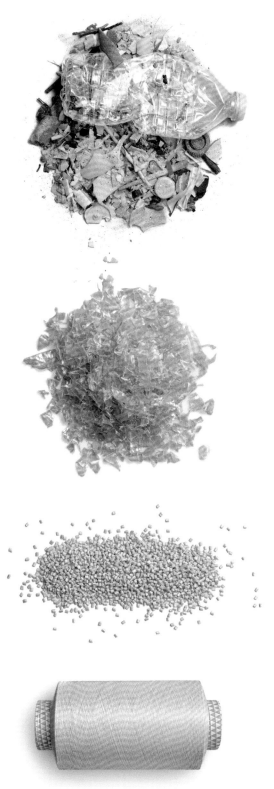

斯特拉·麦卡特尼（Stella McCartney）
与海洋环保组织Parley for the Oceans
联合推出
"海洋传奇"双肩背包（'Ocean Legend'
Falabella Go backpack）
2018春夏，伦敦
海洋塑料、金属
V&A编号：T.174–2019
由斯特拉·麦卡特尼（Stella McCartney）提供

Ocean Plastic®是一种由海洋塑料废物制
成的纤维材料。斯特拉·麦卡特尼（1971年
生）用这种纤维制作了这款限量版双肩背包，
以提高人们对海洋塑料污染问题的认识。这
款包的所有收益均捐赠给了"海洋守护者"
（Sea Shepherd），该组织成立于1977年，旨在
保护海洋生物。

从塑料废物到Ocean Plastic®

"只有经常外出的旅行者才会知道，每一样不必要的行李都会带来麻烦。携带过多的行李在英国会有许多弊端，但在欧洲大陆更会演变成一种恐怖的经历……所有的包和箱子都需要打包起来，以便随时进行调查；任何混淆或混乱都可能引起怀疑，而且肯定会延误行程……"

"给旅行者的提示"（HINTS TO TRAVELLERS），《时尚芭莎》（*HARPER'S BAZAAR*），1878年5月25日

工作包、行李箱、公文包、手提包和背包被世界各地的人们用来携带和保护个人物品。这些实用箱包的预期构成（和功能）决定了它们是如何被设计和制造的。它们最常见的功能之一就是安全携带贵重物品。例如，五六世纪硬币货币的兴起与抽绳钱包的流行密切相关，抽绳包是一种贴身佩戴的饰物，通常悬挂在腰带上或藏在衣服的褶皱里。早在13世纪，人们就把装有硬币的用来捐赠给慈善机构的包袋（又称为"alms bags"，施舍袋）装饰得非常奢华：

包袋丰富的外观很好地反映了携带该包袋的女士的社会形象。在18世纪很常见的早期的钞票往往被保存在长方形的书信盒和钱袋里，形状与今天的钱包相似，并且可以对它们进行富有表现力的装饰处理。同样，结实的马鞍包需要牢固地安装在马、骆驼或驴子身上；化妆箱作为上流社会旅行时乘坐飞机和邮轮的手提行李箱，必须配备所有必要的洗护用品；轻巧的大箱子可以用来运送整个衣柜的衣服；而更多便携式手提包为珠宝提供了安全可锁的隔层。

功能
与
实用

I. RUE SCRIBE
PARIS
Louis Vuitton
149. NEW BOND ST.
LONDON

设计理念已经突破了旅行者这一界限，旅行者的需求也随着时间的推移而改变。在某些情况下，前一个时代的细节仍保留在今天的设计中，例如，重锁、钥匙、链条和挂锁是当代时装秀和时尚杂志上常见的包袋元素。其中的某些元素可以追溯到19世纪，尽管现在这种硬件更多的是一种装饰特征，暗示其品牌的传承，从而表明其产品的高品质和独特性，而不是用于确保安全。我们今天所知的手袋起源于男性最常携带的手提行李包。这些结实的皮包是为安全、体面和隐私而设计的，并配有金属框架、锁、钥匙和多个隔层。到了19世纪80年代，"handbag（旅行包）"一词已不再与实用旅行相关联，而是逐渐成为一种女性使用的时尚配饰。这些新式手袋通常很小，由皮革、丝绸或天鹅绒制成，带有金属框架；在造型上，它们的结构类似于手提行李包。

旅行不但为早期手袋的风格和设计提供了灵感，而且是当今一些全球时尚品牌的核心所在——如爱马仕、路易·威登、古驰和普拉达，这些品牌早期都是生产奢侈旅行产品的。如今，尽管这些品牌的客户群体已经扩大，他们生产的许多包袋在设计中传承了参考旅行这一个元素的传统。

功能与实用

根付绪缔印笼

1750~1850年，日本

漆艺、金属合金和骨材（印笼）；木材、贝壳和骨材（根付）；银（绪缔）

V&A编号：W.208:1 to 3 – 1922

芬斯特（Pfungst）赠送

根付绪缔印笼

1750~1850年，日本

漆艺及金箔（印笼）；木材（根付）；骨材（绪缔）

V&A编号：W.250:1 至 3 – 1922

芬斯特（Pfungst）赠送

　　印笼（inrō，用来装印章的篮子）是一种悬挂在日本传统和服腰带（obi）上的小型分层容器。它们起源于16世纪末，由男性佩戴以携带个人印章、印泥和药物。这个印笼的隔层（从这个角度我们只能看到其中的2个隔层）上面刻有保存在内的药物的相关信息

手袋

约19世纪90年代，英国

皮革、金属、丝绸、骨材

V&A编号：T.63–1956

温格特先生（Mr Weingott）提供

　　早期的女性手袋与男性手提行李包的一些特征相呼应，都是由坚固的皮革制成，带有金属框架和内袋。这个小手袋有2个独立的隔层，可通过扭动框架上的金属球来打开：一侧有口袋，另一侧是1个针线包，包括剪刀、钩针、纽扣钩、小刀和针盒。

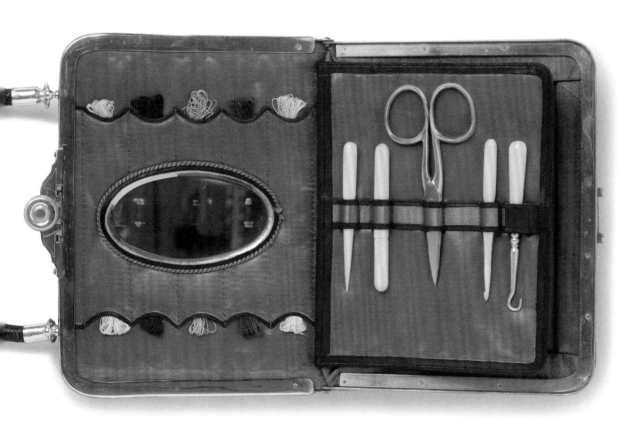

爱马仕（Hermès）
"Sac Mallette" 手袋
20世纪60年代，巴黎
箱包小牛皮、金属
V&A编号：T.167-2019
由V&A美国之友董事会资助，为纪念戴安娜·
奎莎（Diana Quasha）而购买

爱马仕由蒂埃里·爱马仕（Thierry Hermès，1801~1878年）于1837年在巴黎成立，最初是一家生产马具和马缰的工坊。20世纪初，马车逐渐被取缔，爱马仕将其皮革加工的专业技术应用到其他产品上，其中就包括手袋。这款 "Sac Mallette" 手袋设有2个独立的隔层。顶部的隔层可通过2个滑动侧闩和1个按钮打开，类似于一个大容量的医生包。底部的隔层则配有锁和钥匙，一打开便会露出深红色的天鹅绒里布，在旅行时可以确保贵重物品的安全。

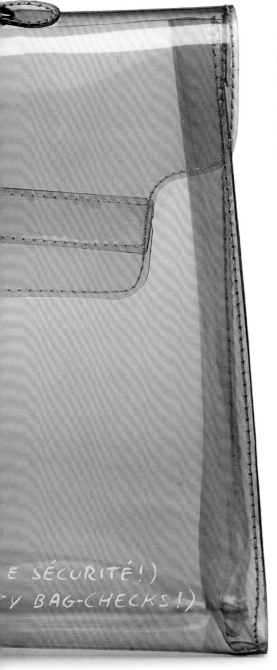

爱马仕

透明凯莉"Kelly"手袋

1996年春夏时装秀，巴黎

塑料、金属

V&A编号：T.169–2019

  这只透明版的标志性凯莉"Kelly"手袋并不是为销售而生产的，仅在1996年春夏时装秀上赠送给了媒体。该手袋上标有"凯莉透明包（安全检查专用）"〔Kelly transparent (special pour contrôle sécurité !) See-through Kelly bag (a special for security bag-checks!)〕字样，意指安全检查已经成为当代旅行的一个必要环节。

硬币包

19世纪末，可能为法国

龟壳、金属

V&A编号：T.162至165-2019

19世纪晚期的硬币包（coin purses 或 porte-monnaies）通常用金属扣固定，由2块象牙、螺钿或龟壳饰板组成，附在皮革框架上。包内隔层用来装25和50生丁（法国硬币）的硬币。这类硬币包的体积小，很容易塞到衣服口袋或手提包中。

鹰猎包

1755年，奥地利

丝绸、皮革、金属

V&A编号：306–1880

    这款大尺寸双面鹰猎包结实但轻巧，因为鹰猎者在带鹰出猎时必须用它来运输猎物。它配备了数个袋盖、口袋和吊袋，以容纳训练辅助工具、诱剂、口哨、刀和诱饵。它缝有网面的袋子，以确保捕获的猎物可以保持凉爽。外部装饰有花卉图案和流苏，而内部口袋则绣有色彩艳丽的场景，描绘穿着时髦的女士们和先生们外出狩猎。

钱包

1720~1740年，可能为意大利

丝绸、稻草、镀银丝线

V&A 编号：T.29-1915

由斯坦利·克拉克律师（C. Stanley Clarke, Esq）提供

　　18世纪，欧洲的银币被纸币所替代，因此钱包成为了当时最时髦的物品。像这样的装饰性钱包十分小巧时尚，内部隔层可以容纳信件和钞票，能够轻松携带大量纸币而不会损坏其衣物（GMT）。

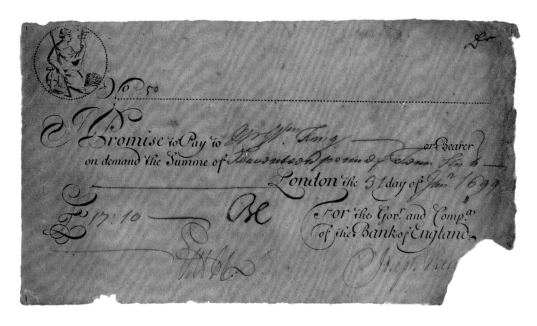

17磅10先令半印钞，带有约瑟夫·纽厄尔（Joseph Newell）的签名，1699年1月31日
英格兰银行博物馆编号：I/012

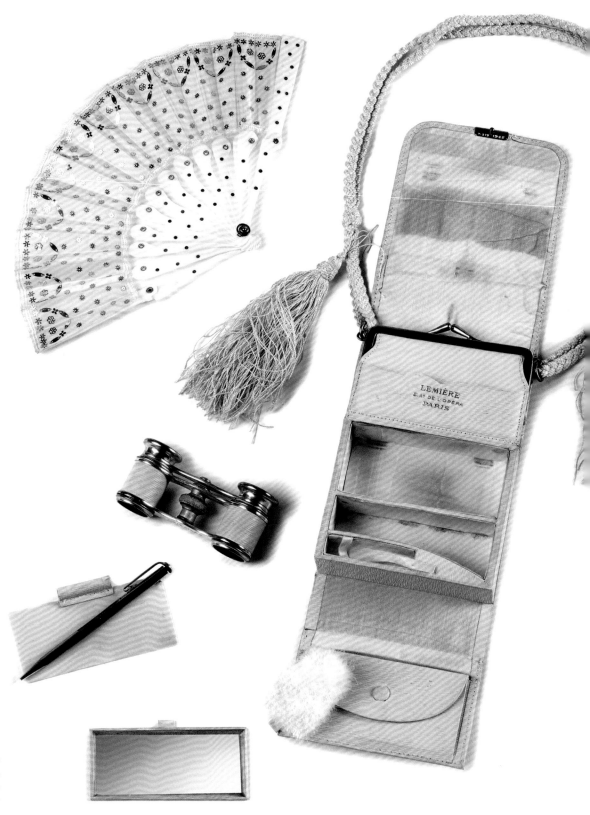

LEMIÈRE
B.AY DE L'OPERA
PARIS

Lemière
剧院包及其收纳物

约1910年，巴黎

小牛皮、丝绸、玻璃、骨材、金属、塑料、天鹅绒

V&A编号：T.219至F–1965

　　这个小巧的皮包合起来时仅有16厘米长。但当打开它时，它便展现出了一个较大的内部空间，包内有多个隔层和口袋，可以整齐地存放一个观赏歌剧的夜晚所需的所有饰品：顶部有1个搭扣式零钱包、1个装有背面皮革镜子的扇形口袋、1张骨制便笺卡和1支铅笔。这款小皮包还有充足的空间来存放1副歌剧眼镜、1把绣花白绸折扇和1个粉扑。

挎肩包

1900~1935年，缅甸

棉、羊毛、种子、玻璃珠、银

V&A编号：IS.149–1993

    这个挎肩包（n'hpye）是缅甸最北部克钦邦一个民族的传统服饰的一部分。该地区森林茂密，人们长途跋涉时，都会背上这种包来携带个人物品。

一位缅甸克钦族男性，1908年

公文包

1715~1718年，伊斯坦布尔

山羊皮、银、金属、金箔

V&A编号：T.34-1918

莱昂内尔·卡斯特（Lionel Cust）通过艺术基金会（The Art Fund）提供

　　这款装饰豪华的公文包外部是刺绣皮革，内部是红色镀金皮革。包内有3个隔层，可以用来携带文件和信件。背面描绘的盾徽来自托马斯·佩勒姆·霍利斯（Thomas Pelham-Holles，1693~1768年），他是纽卡斯尔第一公爵，自1724年开始，就是英国政府中有影响力的大臣，并在1754~1762年担任过两次首相。

路易·威登"Malle Haute"硬箱
约1900年，巴黎
帆布、木材、金属、皮革
V&A编号：W.12–2019年

这款硬箱属于埃米莉·布斯比·格里格斯比（Emilie Busbey Grigsby，1876~1964年），她是一位美国名媛，于1911年或1912年移居英国。硬箱上粘贴有纸质标签和20世纪初的乘客名单，这表明它曾经伴随着主人乘坐了许多当时最重要的远洋客轮，包括隶属冠达邮轮公司的卢西塔尼亚号和阿奎塔尼亚号，以及隶属白星航运公司的泰坦尼克号的姊妹邮轮奥林匹克号。

对页

东行乘客时间表，阿奎塔尼亚号，1921年5月10日。上面记录有埃米莉·布斯比·格里格斯比、弗朗西斯·斯科特·基·菲茨杰拉德（F. Scott Fitzgerald，1896~1940年）和他的妻子泽尔达（Zelda，1900~1948年）的名字
英国国家档案馆

Form A 196.

EASTBOUND PASSENGER SCHEDULE.

P.M. 26.

Name of Ship __Aquitania__   Whence Arrived __New York__

Steamship Line __CUNARD.__   Date of Arrival __10th. May. 1921.__   Port of Arrival __Southampton__

34

NAMES AND DESCRIPTIONS OF ALIEN PASSENGERS.

(1) Port of Embarkation.	(2) Port at which Passengers have been landed	(3) NAMES OF PASSENGERS.	(4) CLASS. (Whether 1st, 2nd or 3rd.)	(5) Profession, Occupation, or Calling of Passengers.	(6) AGES OF PASSENGERS. Adults of 12 yrs. and upwards — Accompanied by Husband or Wife (Males)	Accompanied (Females)	Not accompanied by Husband or Wife (Males)	Not accompanied (Females)	Children between 1 and 12 (Males)	(Females)	Infants (Males)	(Females)	(7) Country of which Citizen or Subject.	(8) Countries to which Through or Return Tickets are held.	(9) Country of Last Permanent Residence.	(10) England.	Wales.	Scotland.	Ireland.	British Possessions.	Foreign Countries.
					5	5	13	4	–	–	–	–									27
108		Canterbury Walter M.		Merchant	46								U S A.		U S A.						1
9	do.	Zona.G.		H'wife		45							"		"						1
110	do.	Monta		Child						11			"		"						1
		Adelphi Hotel London.																			
1	Coxe	Charles A.		Farmer	50								"		"						1
2	do.	Louisa W.		H'wife		48							"		"						1
3	do.	Jane G.		None				20					"		"						1
		123 Pall Mal. London.																			
4	Chevalier	John.B.		Banker	34								"		"						1
5	do.	Louisa H.		H'wife		23							"		"						1
		Hotel Savoy London.																			
6	Coleman	William.W.		Manufacturer	47								"		"						1
7	do.	Alice F.		H'wife		46							"		"						1
8	do.	Isabel		None				21					"		"						1
		Hyde Park Hotel London.																			
9	Davison	Alice M.		none				62					"		"						1
		℅ Brown Shipley & Co London.																			
120	Dartt	James G.		Secretary			26						"		"						1
		Claridges Hotel London.																			
1	Dabney	Mary		Maid				46					"		"						1
		The Old Meadows Old Drayton Mx.																			
2	Elliott	Maxine		Actress				45					"		"						1
		Hartbourne Manor Bushey Heath Herts.																			
3	Edwards	Eugene.H.		Manufctr	40								"		"						1
4	do.	Constance L.		H'wife		32							"		"						1
		Savoy Hotel London.																			
5	Evans	Marian		Maid				41					"		"						1
		Address Uncertain.																			
6	Stein	Emma		H'wife				62					"		"						1
		℅ U S Consul London.																			
7	Freiler	Fannie		H'wife				52					"		"						1
		Piccadilly Hotel London.																			
8	Fox	Walter C.		Manager			45						"		"						1
		Piccadilly Hotel London.																			
9	Ferguson	Edward M.		Valet			34						"		"						1
		℅ U S Embassy London.																			
130	Fitzgerald	F.Scott		Author	24								"		"						1
1	do.	Zelda		H'wife		20							"		"						1
		℅ American Exp. Co. London.																			
2	Fairchild	S.M.		Manufactr	55								"		"						1
3	do.	G.W.		"		66							"		"						1
		Savoy Hotel London.																			
4	Friedman	Joseph		Salesman	46								"		"						1
5	do.	Rose		H'wife		43							"		"						1
		Savoy Hotel London.																			
6	Glotney	Carol L.		Student				15					"		"						1
		Ritz Hotel London																			
7	Gronwall	Fors		Merchant			45						"		"						1
		Piccadilly Hotel London.																			
8	Grigsby	E.Bushey		None				42					"		"					1	1
		The Old Meadows West Drayton Herts.				12	12	19	14	–	1	–	–									58

31

* Through Ticket holders should be marked T with the name of the place to which the ticket is available. Return ticket holders should be marked R with the name of the country in which the ticket was issued.

‡ By permanent residence is to be understood residence for a year or more.

10,000 7/20. 9/409A

功能与实用

79

英国国玺保护袋

1558~1603年，英国

丝绸、镀银丝线、亮片、玻璃珠

V&A编号：T.40-1986

　　这款绣花密集的保护袋用于保护伊丽莎白一世的英国国玺的银质徽记，这类徽记常用于制作法令、宪章和皇家告示等文件上的蜡印。这个袋子可能是克里斯托弗·哈顿爵士（Sir Christopher Hatton，1540~1591年）用过的，他是伊丽莎白一世的国玺大臣之一，也是1587~1591年的大法官。他在尼古拉斯·希利亚德（Nicholas Hilliard）为他创作的微型肖像画中自豪地展示了一个类似的印章保护袋。

尼古拉斯·希利亚德（Nicholas Hilliard）（1547~1619年）创作
《克里斯托弗·哈顿爵士肖像》（Sir Christopher Hatton）
1588~1591年，英国
粘于纸牌上的牛皮纸水彩画
V&A编号：P.138 - 1910
乔治·索尔廷（George Salting）遗赠

"诺曼底Normandie" 手拿包

约1935年，法国

皮革、金属

V&A编号：T.171–2019

由V&A美国之友董事会资助，为纪念戴安娜·奎莎（Diana Quasha）
而购买。

"诺曼底"（Normandie）号远洋客轮于1935年5月29日进行了她
的首次航行，从法国勒阿弗尔（Le Havre）开往纽约，当时在勒阿弗
尔码头上大约有10万名观众为她的首航仪式欢呼。这款皮制手拿包
采用船形设计，用金属细节刻画了船的烟囱和锚。它是作为礼物赠
送给头等舱乘客的，也在船上独家出售（GMT）。

诺曼底号在勒阿弗尔码头前停靠，夜景，1935~1939年。

"从前——事实上就在上一季——从手袋的角度来看，生活其实很简单。你需要一个 It bag（爆款包），即使你可能无法拥有它，因为只有当你不太可能拥有它的时候，它才是那只 It bag。"

"超重行李"（*EXCESS BAGGAGE*），美国版《时尚》，2004年1月

对于时尚界人士来说，包袋一直是身份和地位的象征，由于其醒目的标志或特定的设计特征，包袋的品牌往往能立即被识别出来。事实上，金融分析师已经将包袋视为许多当代时尚品牌的主要收入来源之一。创建一个完整的服装系列和举办时装秀，往往只是一种营销活动，目的是促进更有利可图的产品的销售，包括配饰、香水和化妆品。法国开云集团（Kering）拥有包括古驰（Gucci）、巴黎世家（Balenciaga）和麦昆（McQueen）等在内的子公司，该集团一半以上的收入来自皮革制品，尤其是手袋，成衣和鞋子各占10%多一点。❶

名人往往是某些设计的有效推广者。在20世纪50年代和60年代，好莱坞女演员、名人如格蕾丝·凯莉（Grace Kelly，1929~1982年）和杰奎琳·肯尼迪·奥纳西斯（Jacqueline Kennedy Onassis，1929~1994年）等具有非比寻常的影响力，以至于她们最喜欢的手袋被用她们的名字重新命名。爱马仕的"Kelly"系列

地位
与
身份

爱马仕

"Kelly" 手袋

2018年，巴黎

箱包小牛皮、金属

V&A编号：T.177:1 – 2019

爱马仕捐赠

这款简约的梯形包最早是由罗伯特·迪马（Robert Dumas-Hermès，1898~1978年）在20世纪30年代设计的。这款包原名为Sacàdépêches，"Kelly"这个名字是为了纪念格蕾丝·凯莉（Grace Kelly，1929~1982年）而起，她是一位好莱坞明星，于1956年与摩纳哥亲王雷尼尔三世（Prince Rainier III of Monaco，1923~2005年）结婚。这款包因其与王妃的关联，已经成为有史以来最具标志性和最受欢迎的手袋之一。

格蕾丝·凯莉在与摩纳哥亲王雷尼尔三世举办婚礼前离开好莱坞，1965年

腰带包

18世纪，中国

丝绸、镀银丝线、小粒珍珠

V&A编号：T.21–1957

由海军上将罗伯特爵士（Admiral Sir Robert）和普伦德加斯特夫人
（Lady Prendergast）提供

由于中式服装没有口袋，腰部悬挂的配饰便随之发展。在清朝，
这些配饰被视为地位和财富的有力象征。这款腰带包的中心部位装
饰着珍贵的材料以及长寿（寿字纹）的象征，表明佩戴者属于最富
有的阶层。

威拉迪原创（Wilardy Originals）
"星尘"（Stardust）晚装包，带香烟盒和
化妆盒

1950~1960年，美国

透明合成树脂、金属

V&A编号：T.170–2019

　　透明合成树脂（Lucite）是一种带有光亮表面的耐用塑料，最初需要手工铸模和加热才能成型。由于这种精细的制作过程，这些包十分昂贵，被视作奢侈品。它们的流行很大程度上也要归功于伊丽莎白·泰勒（Elizabeth Taylor，1932~2011年）等著名女演员对它们的使用。

嘉柏丽尔·香奈儿（Gabrielle Chanel）
"2.55" 手袋

约1965年，巴黎
皮革，金属
V&A编号：T.37–1983
由维尔·弗伦奇夫人（Mrs Vere French）提供

　　嘉柏丽尔·可可·香奈儿（Gabrielle Coco Chanel，1883~1971年）在1955年2月设计了 "2.55" 单肩包。这款包是在她1929年设计的早期手袋基础上进行再设计，因此很快成为经典，且一直保持着原来的样式。直到20世纪80年代，卡尔·拉格斐（Karl Lagerfeld，1933~2019年）在包扣处添加了 "CC" 标志，对这款包进行了重新诠释。

简·方达（Jane Fonda，1937年生）和罗杰·瓦迪姆（Roger Vadim，1928~2000年）在巴黎拍摄电影《游戏结束》（La Curée），1965年10月9日

卡地亚伦敦（Cartier London）
彩妆盒
1954年，伦敦
银、金
V&A编号：T.62-2004
由屋大维·冯·霍夫曼施塔尔（Octavian von Hofmannsthal）提供

　　伊丽莎白·海丝特·坶丽·冯·霍夫曼施塔尔夫人（Lady Elizabeth Hester Mary von Hofmannsthal，1916~1980年）于1939年嫁与奥地利小说家、剧作家莱蒙德·冯·霍夫曼施塔尔（Raimund von Hofmannsthal，1906~1974）。这个银色的化妆包上有她的姓名首字母"EvH"，是卡地亚伦敦特别为她定制的。

雷克斯·惠斯勒（Rex Whistler，1905~1944年）
《伊丽莎白·海丝特·玛丽·佩吉特夫人》（Lady Elizabeth
Hester Mary Paget），画中人物即后来的冯·霍夫曼施塔尔夫人
1937~1940年，威尔士
布面油画
英国国家信托藏品，编号：1176297

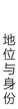

地位与身份

詹尼·范思哲（Gianni Versace）别针手袋

1994年春夏，意大利

皮革，金属

V&A编号：T.168–2019

詹尼·范思哲（Gianni Versace，1946~1997年）的"别针"系列是他最具代表性的时装秀之一，走秀的超模包括凯特·莫斯（Kate Moss，1974年生）、克里斯蒂·特林顿（Christy Turlington，1969年生）和娜奥米·坎贝尔（Naomi Campbell，1970年生）等。虽然没有出现在T台上，但这款手袋在店内有售，并保留了该系列引人注目的美感。

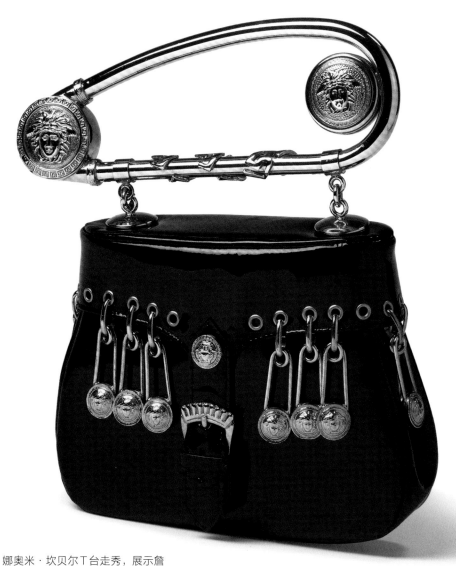

娜奥米·坎贝尔T台走秀，展示詹尼·范思哲1994春夏成衣系列。

上下

"揽月竹编"手提包

2019春夏，中国

竹子，皮革，丝绸

V&A编号：FE.186:1–2019

上下赠送

　　"上下"成立于2008年，由爱马仕集团和中国设计师蒋琼耳（1976年生）合作创立。"揽月"手提包最早设计于2014年，而图片所示的这款手袋结合了法国皮革、中国竹子和丝绸，对之前的"揽月"手提包进行了重新诠释。

竹编工艺涉及的工序

马克·雅可布（Marc Jacobs），为路易威登
（Louis Vuitton）设计
Speedy 手袋
2006秋冬，巴黎
乙烯基、金属
V&A编号：T.172-2019
由V&A资助，V&A美国之友董事会为纪念戴安娜·奎莎
（Diana Quasha）而购买

路易威登的创意总监马克·雅可布（Marc Jacobs，1963年生）设计的"Monogram Miroir"系列手袋在该品牌的2006年秋冬时装秀上首次亮相。这款手袋由反光的金色乙烯基制成，上面印有著名的路易威登字母及图案标识。在21世纪初期追求明星"爆款包"（It bag）热潮中，这种镜面手袋因为帕丽斯·希尔顿（Paris Hilton）和金·卡戴珊（Kim Kardashian）等社会名流的喜爱而受到广泛追捧（GMT）。

帕丽斯·希尔顿和金·卡戴珊拎着"Monogram Miroir"系列手袋
澳大利亚　悉尼，2006年

安雅·希德玛芝（Anya Hindmarch）行动塑造存在运动
"我不是一个塑料袋"（I'm NOT a plastic bag）托特包

2007年，伦敦
棉
V&A编号：T.176–2019
由乔·安妮（Jo Ani）提供

这款简约又便宜的限量版托特包于2007年发布，当时主要是在英国大型连锁超市森宝利（Sainsbury's）中出售，售价为5英镑。这款托特包是由英国著名手袋设计师安雅·希德玛芝（Anya Hindmarch，1968年生）与全球性环保运动"We Are What We Do（行动塑造存在）"合作设计，用以说服人们"不使用塑料袋也是个很好的选择"。

Green is the new black.

Did you know that every person in this country uses an average of 167 plastic bags every year · that's 10 billion bags altogether. Each one of these bags can take years to decay.

We wanted to do something to make a difference and to inspire people to change their everyday actions. The result is this bag.

We have worked with We Are What We Do, the global social change movement to create this limited edition bag.

The bag is being sold through Anya Hindmarch stores, colette in Paris, Dover Street Market in London, Villa Moda in Kuwait and on www.wearewhatwedo.org. And from April 25th the bag will be available in 200 Sainsbury's stores.

Wear your bag to do your shopping, carry it to the gym, take it to the beach, smug in the knowledge that you are doing something to influence people to make a difference.

Thank you for your support.

为"I'm NOT A Plastic bag"帆布托特包制作的营销材料，2007年

三宅一生（Issey Miyake）
"Lucent Bao Bao" 托特包
2019年，日本
PVC、金属
V&A编号：T.175–2019

　　此系列手袋由设计师三宅一生（Issey Miyake，1938年生）设计，通过将三角形形状连接在一起，用平面元素创造出三维形状，因此该包型结构十分具有辨识度。这款手袋有多种使用方式，类似于折纸，可以根据所装物品的形状以及佩戴者的身形来随意变换包的形状（GMT）。

马克·罗夫斯基（Marc Rofsky），
纽约时装周，2015年7月14日

从容不迫（Slow and Steady Wins the Race）

方形手袋

2002年，纽约

棉

V&A编号：T.194–2016

由设计师提供

从容不迫（Slow and Steady Wins the Race）于2002年推出的"Bags"是一个概念系列，旨在对当时那个时代对知名设计师所设计的爆款包的狂热进行人类学评论。该系列手袋使用纯棉薄棉布或帆布斜纹布制作，采用了一些爆款包的硬件和形状的基本细节，从而形成这些爆款包的"低保真"版，同时也是其本身的替代标志。

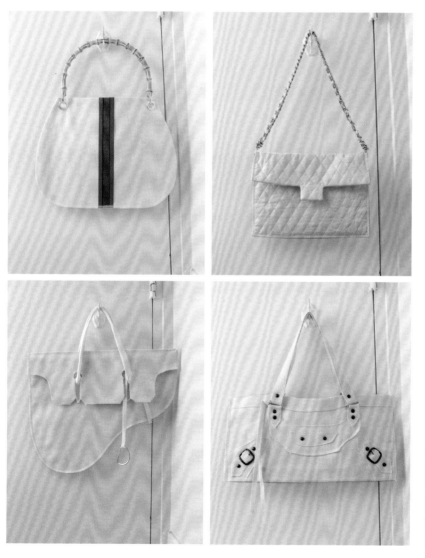

基于著名的爆款包设计的4个帆布包，"Bags"系列，从容不迫（Slow and Steady Wins the Race），2002年

参考文献❶

[1] Robert Anderson, *Fifty Bags that Changed the World*, London, 2011

[2] Carolyn Asome, *Vogue Essentials: Handbags*, London, 2018

[3] Elisabeth Azoulay, ed., *Bagism*, Hong Kong, 2016

[4] Barbara Burman and Ariane Fennetaux, *The Pocket: A Hidden History of Women's Lives, 1600 - 1900*, New Haven and London, 2019

[5] Farid Chenoune, *Le Cas du Sac: Histoires d'une utopie portative*, Paris, 2004

[6] Judith Clark, ed., *Handbags: The Making of a Museum*, New Haven and London, 2012

[7] Caroline Cox, *The Handbag: An Illustrated History*, New York, 2007

[8] Valerie Cumming, *The Visual History of Costume Accessories*, London, 1998

[9] Genevieve. E. Cummins and Nerylla D. Taunton, *Chatelaines: Utility to Glorious Extravagance*, Woodbridge, 1994

[10] Amy de la Haye, ed., *The Cutting Edge: 50 Years of British Fashion 1947-1997*, London, 1996

[11] Roseann Ettinger, *Handbags*, Pennsylvania, 1991

[12] Vanda Foster, *Bags and Purses*, London, 1982

[13] Susan Harlan, *Luggage*, New York, 2018

[14] Julia Hutt, *Japanese Inrō*, London, 1997

[15] Sigrid Ivo, *Bags*, Amsterdam, 2011

[16] Claudette Joannis, ed., *L'histoire du porte-monnaie*, Dijon, 2019

[17] Jean-Claude Kaufmann, Ian Luna et al, *Louis Vuitton City Bags: A Natural History*, New York, 2013

[18] Judith Leiber, *The Artful Handbag*, New York, 1995

[19] Birgit B. E. Seeliger, *Museum of Bags and Purses Hendrikje*, Amsterdam, 2009

[20] Valerie Steele, ed., *Encyclopaedia of Clothing and Fashion*, Michigan, 2005

❶ 为便于检阅，参考文献保留原文。——译者注

[21] Valerie Steele and Laird Borrelli, *Bags: A Lexicon of Style*, London, 1999

[22] Loretta H. Wang, *The Chinese Purse: Embroidered Purses of The Ch'ing Dynasty*, Taipei, 1986

[23] Claire Wilcox, *A Century of Bags: Icons of Style in the 20th Century*, London, 1998 (2nd edition)

[24] Judith Clark, ed., 'A History of Containment' in *Handbags: The Making of a Museum*, New Haven and London, 2012

[25] Claire Wilcox, *Bags*, London, 2017 (3rd edition)

参考文献

致谢

本书的出版和展览的开展得益于许多人的大力支持和共同努力,请原谅我没法在这里——感谢所有人。我要特别感谢各位公共机构和私人收藏的同仁们,他们让我能够接触到他们的收藏,积极参与有关项目的早期沟通并提供专业知识。他们中的一些人慷慨地把物品借给了展览。我非常感谢世界各地许多品牌和箱包制造商提供的宝贵帮助,为本书的"设计和制作"部分以及展览的互动元素提供了有力的信息支撑。

在V&A博物馆,我要感谢展览研究助理乔治娅·马尔瓦尼·汤姆森(Georgia Mulvaney-Thomerson),感谢她为本书所作的书面贡献以及她在项目各个阶段的奉献。我很感激展览部的丹尼尔·斯莱特(Daniel Slater)、丽贝卡·利姆(Rebecca Lim)、莎拉·斯科特(Sarah Scott)和莎蒂·霍夫(Sadie Hough)一如既往的支持,他们为展览的成功举办做出了贡献。

特别感谢理查德·戴维斯(Richard Davis)、罗伯特·奥顿(Robert Auton)和埃莉·阿特金斯(Ellie Atkins)专门为本书拍摄的生动照片,感谢尼克·布莱斯(Nick Blythe)和尼古拉·布林(Nicola Breen)巧妙地装裱了这些展品,感谢罗辛·莫里斯(Roisin Morris)耐心地保存本书中出现的多个特色包袋,其中有许多个在以前从未展出过,感谢吉尔·麦克格雷戈(Gill MacGregor)和劳拉·弗莱克(Lara Flecker)的奉献和热情,为本书开头重现的束带型包袋和腰挂式配饰制作了人体模型。

非常感谢博物馆上下同事们提出的意见、建议和一如既往的支持。特别感谢奥里奥尔·卡伦(Oriole Cullen)和莱斯利·米勒(Lesley Miller)阅读本书的草稿,索内·斯坦菲尔(Sonnet Stanfill)在该项目的早期和关键时期给予支持,克里斯托弗·威尔克(Christopher Wilk)给予我不断的鼓励。我还要非常感谢乔安娜·阿格曼·罗斯(Johanna Agerman Ross)、西尔维娅·巴尼奇(Silvija Banić)、苏珊·巴斯(Susan Bass)、埃德温娜·埃尔曼(Edwina Ehrman)、杰西卡·哈普利(Jessica Harpley)、詹妮·李斯特(Jenny Lister)、伊丽莎白·默里(Elisabeth Murray)、苏珊·诺斯(Susan North)和斯蒂芬妮·伍德(Stephanie Wood)。

我们一直致力于把来自世界各地的展品都纳入其中,如果没有亚洲部门、金属制品部门、研究部门、文字与图像部门同仁们的专业知识,这是不可能实现的。因此特别感谢乔·安妮(Jo Ani)、苏珊娜·布朗(Susanna Brown)、陈秀芳(Sau Fong Chan)、伊丽莎白·柯里(Elizabeth Currie)、凯特琳·戴维斯(Caitlin Davies)、安娜·德贝德蒂(Ana Debenedetti)、理查德·埃奇库姆(Richard Edgcumbe)、阿瓦隆·福斯林翰姆(Avalon Fotheringham)、朱莉娅·赫特(Julia Hutt)、安娜·杰克森(Anna Jackson)、简·佩里(Jane Perry)、达西·彼得(Tashi Petter)、莎拉·皮拉姆(Sarah Piram)、约瑟芬·劳特(Josephine Rout)、提姆·斯坦利(Tim Stanley)、克莱尔·威尔科克斯(Claire Wilcox),以及山田正美(Masami Yamada)。

非常感谢V&A出版社的汤姆·温德罗斯(Tom Windross)、苏菲·谢尔德雷克(Sophie Sheldrake)、科拉莉·赫本(Coralie Hepburn)和艾玛·伍迪维斯(Emma Woodiwiss)对我的指导和包容。

最后,本书和展览的相关工作有赖于伊奥尼斯·巴科利斯(Ioannis Bakolis)的大力支持和鼓励,以及利奥纳多(Leonardo)给予的深深爱意与欢乐。

露西娅·萨维
(LUCIA SAVI)

图片来源

内 容 提 要

本书从 V&A 博物馆藏品中选取了 40 个包袋，讲述了一个关于包袋的简短历史。本书以时间发展为线索，从 3 个方面展开研究：第一，从织棉、亚麻、丝绸、羊毛、银、稻草、皮革等多方面关注制作男女包袋的材料和工艺；第二，通过对包袋与旅行的关系，包袋与日常生活的关系进行研究，分析了包袋的功能如何影响其形式和结构；第三，通过对包袋的外观和装饰及包袋所承载的信息，分析了地位与身份对包袋的影响。书中包袋的案例来自不同时代、不同地域，但无论是功能性的还是装饰性的，无论是一般的棉织品还是特殊材料，无论是束口小袋还是旅行箱，包袋的出现和发展与社会发展进程息息相关，本书以馆藏经典案例向读者展示了"包里"及"包外"的故事。

原文书名：Bags: Inside Out
原作者名：Lucia Savi
English edition © Victoria and Albert Museum, London.
Chinese edition produced under licence by China Textile & Apparel Press
Arranged with Andrew Nurnberg Associates International Limited

本书中文简体版经 V&A Publishing 授权，由中国纺织出版社有限公司独家出版发行。本书内容未经出版者书面许可，不得以任何方式或任何手段复制、转载或刊登。

著作权合同登记号：图字：01-2022-2079

图书在版编目（CIP）数据

包里包外 /（英）露西娅·萨维著；高昌苗译 . --
北京：中国纺织出版社有限公司，2022.6
（"设计学"译丛/乔洪主编）
ISBN 978-7-5180-9453-0

Ⅰ.①包… Ⅱ.①露… ②高… Ⅲ.①包袋—设计
Ⅳ.① TS941.75

中国版本图书馆 CIP 数据核字（2022）第 052150 号

责任编辑：华长印 李淑敏 责任校对：王蕙莹
责任印制：王艳丽

中国纺织出版社有限公司出版发行
地址：北京市朝阳区百子湾东里 A407 号楼 邮政编码：100124
销售电话：010 — 67004422 传真：010 — 87155801
http://www.c-textilep.com
中国纺织出版社天猫旗舰店
官方微博 http://weibo.com/2119887771
北京华联印刷有限公司印刷 各地新华书店经销
2022 年 6 月第 1 版第 1 次印刷
开本：787×1092 1/16 印张：7.25
字数：78 千字 定价：128.00 元

凡购本书，如有缺页、倒页、脱页，由本社图书营销中心调换